北京松山国家级自然保护区生物多样性系列丛书

北京松山国家级自然保护区

菌类图谱

盖立新　田恒玖　范雅倩　◎主编

U0294236

中国农业出版社

北京

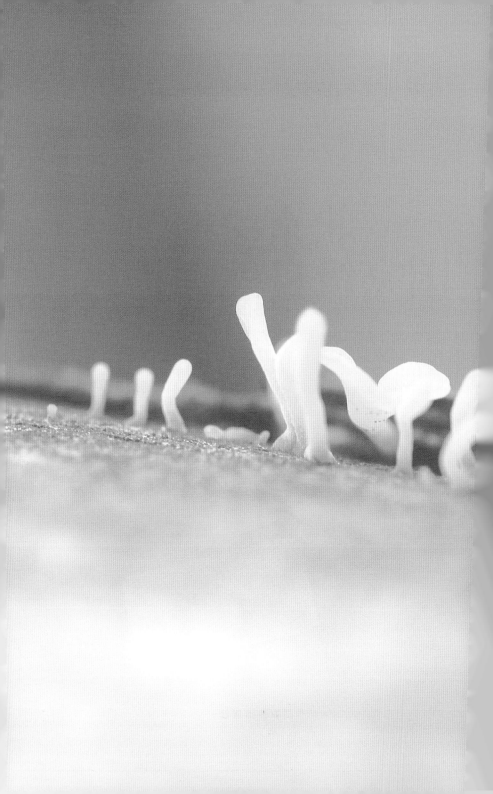

《北京松山国家级自然保护区菌类图谱》

编 委 会

主　编　盖立新　田恒玖　范雅倩

副主编　刘　曦　张洪亮　张经纬

参　编（按姓氏笔画排序）

王纳欣　王祎飞　卢　俊　冯　培　刘　浩

池晨猛　孙　琪　李　林　李　晶　李　锋

吴记贵　谷佳俊　沈延京　张　楠　张安琪

陈　曦　郑立群　赵新元　哈希博　晏　玲

郭嘉兴　梁兴月　董艳民　蒋　健　程瑞义

前 言

生物多样性是指一定范围内多种多样活的有机体有规律地结合所构成稳定的生态综合体。这种多样包括动物、植物、微生物的物种多样性，物种的遗传与变异的多样性及生态系统的多样性。保护生物多样性是自然保护区工作的重中之重，要想提高保护效率，实现科学保护、精准保护，自然保护区需要开展本底调查，摸清家底，掌握生物多样性的数量、分布等基本信息。大型真菌作为生物多样性的重要组成部分，松山保护区在此方面却存在信息空白，因此，亟须开展大型真菌资源调查，在掌握基础数据的基础上开展科学保护。

大型真菌是菌物中形成大型子实体的一类真菌，泛指广义上的蘑菇（mushroom）或蕈菌（macrofungi），大多数属于担子菌亚门，少数属于子囊菌亚门。大型真菌生长在基质上或地下的子实体的大小足以让肉眼辨识和徒手采摘。大型真菌是菌物中的一个重要类群，很多种类具有较高的营养价值和药用价值，是菌物中最有开发应用前景的一类。我国目前已知大型真菌 3 800 种以上。其中伞菌类 1 600 种，多孔菌类 1 300 种，腹菌类 300 种，木耳和银耳胶质菌类 100 余种，子囊菌类 400 多种。

2021 年 6—9 月，松山自然保护区采用样线调查法，在区内具有代表性的植物群落内设置样线 10 余条，平均长度在 5km 左右，详细记录大型真菌的采集地点、时间、植被类型以及基质等相关生态数据，对大型真菌子实体的形态特征进行观察，做详尽的野外记录或野外生态拍照。调查共收集标本 1 000 余份，依据子实体的外部形态，查阅相关文献资料以及彩色图谱，进行种类鉴定，并依据其经济价值以及生态类型进行初步统计分析。初步鉴定出松山国家级自然保护区分布有野生大型真菌 109 种（隶属于 14 目）和黏菌类共 33 科 61 属，其中确认可食用菌 36 种，不宜食用或有毒菌 13 种，参与抗癌药物研制的 8 种，记载中药用 6 种。调查结果表明松山国家级自然保护区分布有丰富的大型真菌多样性，在北京乃至华北地区具有一定代表性和重要的保护价值。

本次大型真菌调查，由于经费预算、天气、疫情等诸多因素影响，调查结果仅能初步代表松山国家级自然保护区的常见野生大型真菌多样性，后续还需继续深入调查研究，不断完善。

目　录

CONTENTS

前言

伞菌目

钉菇目

钉菇科 Gomphaceae

鬼笔目

黏菌类

绒泡菌科 Physaraceae

地位未定

伞菌目
Agaricales

蘑菇科 Agaricaceae	红肉蘑菇 *Agaricus haemorrhoidarius* Schulzer

蘑菇属 *Agaricus*

形态特征 子实体中等大。菌盖宽5～10cm，褐色，初扁半球形，后渐平展，有红色到红褐色；由纤毛组成的平伏鳞片，边缘内卷，有时纵裂，伤变血红色；菌肉厚，白色，伤变粉红色到血红色。菌褶初白色、粉红色，后呈黑褐色，稠密，离生，不等长。菌柄长6～7cm，粗0.8～1.5cm，近圆柱形，具丝光，中空，白色或近白色，伤变红色。菌环单层，白色，膜质，生菌柄上部或中部，表面有皱褶状沟槽。

生长环境 秋季于林中地上群生。

蘑菇属 *Agaricus*

形态特征 子实体小或中等大。菌盖直径2～8cm，初期扁半球形，后平展，白色，具浅棕灰色至浅灰褐色纤毛状鳞片，中部色深，老时边缘开裂。菌肉污白色，伤处不变色。菌褶初期污白色，后渐变粉色、紫褐至黑褐色，稠密，离生，不等长。菌柄长2～6cm，粗0.7～1cm，圆柱形而向上渐细，基部有时膨大。菌环单层，白色，膜质，生柄之上部，易脱落。

生长环境 秋季生草地或林中草地上，单生或群生。

灰白褐蘑菇

Agaricus pilatianus (Bohus) Bohus

蘑菇属 *Agaricus*

形态特征 子实体中等至大。菌盖直径6～12cm，扁半球形，污白色至浅灰褐色或带浅黄色，近平滑。菌肉白色，菌柄基部带浅黄色。菌褶污白粉红色至赭褐色，离生。菌柄长5～8cm，粗1.5～2.5cm，柱形，基部稍膨大，内部松软。菌环膜质。

生长环境 秋季生林间空旷草地上。

双环林地蘑菇
Agaricus placomyces Peck

蘑菇科
Agaricaceae

蘑菇属 *Agaricus*

形态特征 菌盖肉质，直径5～11cm，初期卵形，后扁平，往往中部凸起，有时稍下凹；盖面干，平滑，白色，有褐色细丛毛鳞片，中部密集呈黑褐色；盖缘初时内卷，有白色菌幕残片，老后往往上翘。菌肉中部稍厚，向边缘变薄，白色，表皮下带黄色，味柔和。菌褶离生，密，前缘幅宽，薄，不等长，初时白色，渐变为粉红色，最后变为黑褐色。菌柄长4～14cm，粗0.7～2.1cm，圆柱形或近等粗，基部膨大呈球茎状，白色，后带褐色，平滑，中空。菌环上位，膜质，肥厚，双层，上面白色，下面棉绒状。

生长环境 秋季生于混交林中地上。

白林地蘑菇

Agaricus silvicolae-similis Bohus & Locsmándi

蘑菇属 *Agaricus*

形态特征 子实体中等至稍大。菌盖直径6.5～11cm，初扁平球形，后平展，白色或淡黄色，有时浅褐色，有平伏的丝状纤毛，边缘时常开裂。菌肉白色，稍厚。菌褶初白色，渐变粉红色、褐色、黑褐色，离生，密，不等长。菌柄长7～15cm，粗0.6～1.5cm，近圆柱形，基部稍膨大，污白色，伤变黄色，尤其基部更明显，松软到中空。菌环白色，膜质，单层，上部平滑，下面棉绒状，大，易脱落，生菌柄上部。

生长环境 夏秋季于林中地上单生到散生。

蘑菇属 *Agaricus*

形态特征 子实体单生、群生。菌盖直径 7～20cm，初半球形，后扁球形至几乎平展，幼时表面匀布带紫褐色的纤维，随菌盖开展，表皮裂成鳞片露出白色至淡红色的菌肉，中央暗紫褐色没有鳞片。菌肉稍厚，白色，成熟后稍带紫褐色。菌褶离生，初白色，后粉红色，终黑褐色，狭，密集。菌柄（9～20）cm×（1～2）cm，向下渐粗，白色，上部略带淡红色。菌环生于菌柄中至上部，大形，白色，下面有棉屑状鳞片。

生长环境 夏秋季生于林内地上。

麻脸蘑菇
Agaricus villaticus Brond.

蘑菇属 *Agaricus*

形态特征 子实体大或较大。菌盖初球形、扁半球形，后平展，淡黄色，具平伏的褐色细鳞片，形似麻点。菌肉白色，厚。菌褶近白色，渐变为粉红色到黑褐色，密，离生，不等长。菌柄白色，具淡黄色细鳞片，内部松软到实心，基部稍膨大，向上渐细。菌环单层，白色，膜质，较大而厚，生菌柄中部至上部，不易脱落。

生长环境 春季至秋季于草原上单生到群生。

冠状环柄菇
Lepiota castanea Quél.

蘑菇科
Agaricaceae

环柄菇属 *Lepiota*

形态特征 子实体小而细弱。菌盖直径2～4cm，白色，中部至边缘有红褐色鳞片，边缘近齿状。菌肉白色，薄。菌褶白色，密，离生，不等长。菌柄细长，柱形，长3～6cm，粗0.2～0.6cm，空心，表面光滑，基部稍膨大。

生长环境 夏季至秋季在林中腐叶层、草丛或苔藓间群生或单生。

暗褐毒鹅膏菌

Amanita brunnescens G.F. Atk.

鹅膏菌属 *Amanita*

形态特征 子实体中等。菌盖直径3～10cm，扁球形或近扁平。边缘无条纹，灰褐色，光滑或有小鳞片或破碎白色菌托残片。菌肉白色，菌褶白色，离生，较密。菌柄长6～15cm，粗0.8～2.2cm，白色，有絮状小鳞片。基部近球形，有膜质菌托。菌环膜质。

生长环境 生于混交林中地上。

花柄橙红鹅膏菌（红黄鹅膏菌）

Amanita hemibapha (Berk. & Broome) Sacc.

Amanita 鹅膏菌属

形态特征 子实体中等至大型。菌盖直径5～15cm或更大，初期近卵圆形至近钟形，后期近平展，中央小凸起，表面光滑，红色、橙红色、亮红色，边缘色淡有明显长条棱，湿时黏。菌肉黄白色，中部稍厚。菌褶离生，白色带黄，不等长。菌柄圆柱形，长11～16cm，粗0.5～2cm，表面黄色且有橙红色花纹，内部松软至空心。菌环大，膜质，黄色。菌托纯白色，大而厚呈苞状。

生长环境 夏秋季生于混交林中地上。

白柄黄盖鹅膏菌

Amanita junquillea Quél.

| 鹅膏菌属 *Amanita*

形态特征 又称黄盖伞。子实体单生，菌盖湿时黏，奶油黄色，边缘有显著条纹。菌褶薄，离生，白色至乳黄色。菌柄白色或近白色，基部膨大呈球形；菌环以上部分有纵纹。菌环生于菌柄上部，大，膜质，不易脱落。菌托下部紧贴于菌柄的球状基部，上部消失。

生长环境 夏秋季生于混交林中地上。

毒鹅膏菌
Amanita phalloides Secr.

鹅膏菌科
Amanitaceae

鹅膏菌属 *Amanita*

形态特征 菌盖很大，一般直径是 5 ～ 15cm，呈圆形或半球状，但会随着时间慢慢变成扁平。菌盖颜色以灰色、微黄、橄榄绿为主，雨后颜色往往更淡。菌盖湿润时呈黏性，表皮容易脱落。毒鹅膏菌秆上的体环像小裙，一般位于菌盖下 1 ～ 1.5cm 的位置。白色薄层自由下垂。菌托色白，像气囊肿胀。

生长环境 与多种硬木树形成菌根，如山毛榉、栎木和榛木等，多见于肥沃的土壤上。

鹅膏菌属 *Amanita*

形态特征 菌盖直径3～6cm，黄褐色、污橙色至芥黄色。菌肉白色，近菌盖表皮附近黄色，伤不变色。菌褶离生，不等长，白色。菌柄长4～12cm，直径0.3～1cm，圆柱形，白色至浅黄色；基部近球形，直径1～2cm。菌环近顶生至上位，白色。菌托浅杯状，白色至污白色。

生长环境 夏秋季生于混交林中地上。

Coprinus 鬼伞属

形态特征 子实体微小。菌盖直径0.1～0.2cm，初期卵圆形或圆柱状，后呈钟形至平展，薄、近膜质，表面灰黄色，中央深色，具放射状条纹。菌肉很薄。菌褶灰黑色，易溶解。菌柄细长，白色，长5～9cm，粗0.1～0.2cm，中空。

生长环境 于林间潮湿腐物上群生或单生。

小射纹鬼伞

Coprinus patouillardii Quél.

| 鬼伞属 *Coprinus*

形态特征 子实体小。菌盖直径1～2.3cm，半球形至扁平，表面污白或带浅黄褐色，有绒絮状鳞片及明显放射状条棱。菌褶稀，白色，后期变黑溶解。菌柄长3～5cm，粗约2mm，似透明，弯曲。

生长环境 于林中潮湿腐物上群生。

平盖靴耳
Crepidotus applanatus (Pers.) P. Kumm.

Crepidotus 靴耳属

形态特征 子实体散生或群生。菌盖直径1～4cm，扇形，近半圆形，表面光滑，无毛，湿时水浸状，干时白色或带浅粉黄色，边缘内卷，色较淡，并有细条纹。菌肉薄，带白色。菌褶较密，不等长，初白色，后浅褐色，延生。菌柄不明显或很短。

生长环境 夏秋季生于阔叶树的枯枝或树干等腐木上。

毛靴耳
Crepidotus herbarum Sacc.

靴耳属 *Crepidotus*

形态特征 子实体群生，菌盖直径0.4～1.0cm，无柄，近平伏。有绒毛，基部有较长的柔毛。菌肉薄，白色。菌褶稍稀。白色，后变为淡锈色。

生长环境 夏秋季生于枯木枝上及草本植物的枯秆上。

软靴耳
Crepidotus mollis (Schaeff.) Staude

锈褶菌科
Crepidotaceae

Crepidotus 靴耳属

形态特征 子实体群生。菌盖直径 1 ～ 5cm，半圆形、扇形至广楔形，水浸后半透明，黏，干后全部纯白色，光滑，基部有一丛白毛，初期边缘内卷。菌肉薄，近膜质。菌褶稍密，从盖的基部辐射状生出，白色，后变为深肉桂色。

生长环境 夏秋季生于各种阔叶树倒木上。

钉菇科
Gomphidiaceae

血红色钉菇
Chroogomphus rutilus (Schaeff.) O.K. Mill.

色钉菇属 *Chroogomphus*

形态特征 子实体一般较小，菌盖宽3～8cm，初期钟形或近圆锥形，后平展，中部凸起，浅咖啡色，光滑，湿时黏，干时有光泽。菌肉带红色，干后淡紫红色，近菌柄基部带黄色。菌褶延生，稀，青黄色变至紫褐色，不等长。菌柄长6～10（18）cm，粗1.5～2.5cm，圆柱形且向下渐细，稍黏，与菌盖色相近且基部带黄色，实心，上部往往有易消失的菌环。

生长环境 夏秋季生于混交林中地上。

蜡黄蜡伞
Hygrophorus chlorophanus (Fr.) Fr.

蜡伞科
Hygrophoraceae

Hygrophorus 蜡伞属

形态特征 子实体一般小。菌盖直径2～5cm，初期半球形到钟形，后平展，硫黄色至金黄色，表面光滑而黏，边缘有细条纹或常开裂。菌肉淡黄色，薄，脆。菌褶同盖色或稍浅，直生至弯生，稍稀，薄。菌柄长4～8cm，粗0.3～0.8cm，圆柱形，稍弯曲，同盖色，表面平滑，黏，往往有纵裂纹。

生长环境 夏秋季于林中或林缘及草地上群生。

粉粒红湿伞

Hygrocybe helobia (Arnolds) Bon

湿伞属 *Hybrocybe*

形态特征 子实体小。菌盖直径1.5～2.5cm，扁半球形至扁平，中央有时呈脐状，红黄至橘黄色，表面有小鳞片。菌肉薄，黄色。菌褶黄白色，不等长，直生至稍延生，宽而较稀。菌柄长2～4cm，粗0.2～0.4cm，近圆柱形，橘红色，质脆，光滑，中空。

生长环境 夏秋季于林中地上单生或群生。

Inocybe 丝盖伞属

形态特征 子实体较小。菌盖黄色至褐色，菌柄基部膨大呈杆状。菌盖直径3～7.5cm，初期钟形，后呈斗笠形，表面具丝状纤毛，老后边缘开裂。菌肉污白色。菌褶浅褐色，较密，弯生，不等长。菌柄柱形，长6～14cm，粗0.4～0.8cm，污白色或浅褐色，脆，内部实心，表面具纤毛。

生长环境 夏秋季于冷杉等林中地上单生或群生。

丝盖伞科	淡紫丝盖伞
Inocybaceae	*Inocybe lilacina* (Peck) Kauffman

丝盖伞属 *Inocybe*

形态特征 子实体小。淡紫色或淡紫褐色。菌盖幼时锥形或钟形，开伞后近平展，中部凸起，直径1.5～3.5cm，表面光滑或有丝状纤毛，淡紫色变紫褐色，顶部浅土黄色，边缘有不明显条棱。有时开裂。菌肉淡紫色。菌褶弯生，不等长。菌柄较细长，基部稍膨大，长4～6cm，粗0.2～0.5cm，扭转，质脆，表面污白至淡紫色，老后空心。菌柄上有丝膜而不成膜质菌环，菌褶紫变灰褐至褐锈色。

生长环境 夏秋季于针阔叶林地上群生。

Lyophyllum 离褶伞属

形态特征 菌盖直径5～16cm，扁半球形至平展，中部下凹，灰白色至灰黄色，光滑，不黏，边缘平滑且初期内卷，后伸展呈不规则波状瓣裂。菌肉中部厚，白色。菌褶直生至延生，稍密至稠密，白色，不等长。菌柄长3～8cm，直径0.7～1.8cm，近圆柱形或稍扁，白色，光滑，实心。

生长环境 夏秋季丛生于草地或阔叶林边缘落叶层或富含有机质的地上。

榆生离褶伞
Lyophyllum ulmarium (Bull.) Kühner

离褶伞属 *Lyophyllum*

形态特征 子实体中等至较大。菌盖直径7～15cm，扁半球形，逐渐平展，光滑，中部浅赭石色，有时龟裂，边缘浅黄色。菌肉厚，白色。菌褶宽，弯生，稍密，白色或近白色。菌柄偏生，往往弯曲，白色，内实，长4～9cm，粗1～2cm。

生长环境 夏秋季于榆树或其他阔叶树干上丛生。

膜盖小皮伞 | 小皮伞科
Marasmius cohortalis Berk. | Marasmiaceae

Marasmius 小皮伞属

形态特征 子实体小。菌盖直径0.6 ～ 4cm，半球形至扁半球形，中央凹，乳白色，膜质，表面平滑，具辐射状沟纹。菌肉极薄。菌褶乳黄色，直生，有横脉。菌柄长5 ～ 12cm，粗0.1 ～ 0.25cm，细长黄褐色，表面被白色短绒毛，基部有白色绒毛，纤维质。褶缘囊体近球形。

生长环境 夏秋季于林中落叶层上群生或近丛生。

绒柄小皮伞

Marasmius confluens (Pers.) P. Karst.

小皮伞属 *Marasmius*

形态特征 子实体小。菌盖直径为2～4.5cm，半球形至扁平，新鲜时为粉红色，干后变成土黄色，中部颜色较深，幼时边缘内卷，湿润时有短条纹。菌肉很薄，与盖色相同。菌褶弯生至离生，稍密至稠密，窄，不等长。菌柄细长，脆骨质，中空，长5～12cm，粗0.3～0.5cm，表面密被污白色细绒毛。

生长环境 夏秋季于林中落叶层上群生或近丛生。

红柄小皮伞
Marasmius erythropus (Pers.) Fr.

小皮伞科
Marasmiaceae

Marasmius 小皮伞属

形态特征 子实体较小。菌盖直径 1～4cm，光滑或有时稍有皱纹，半球形至扁半球形，后期稍扁平，浅黄褐色，中部褐黄色，边缘色浅。菌肉近无色，薄。褶细密，窄，不等长，白色至浅黄褐色，近直生。菌柄细长，4～7.5cm，粗 0.2～0.35cm，近柱形或扁平，深红褐色，顶部色浅而向下色深，基部有暗红色绒毛。

生长环境 夏季在阔叶林中地上群生或近丛生。

小皮伞属 *Marasmius*

形态特征 子实体一般中等。菌盖直径3～10cm，初期近钟形、扁半球至近平展，中部凸起或平，浅粉褐色、淡土黄色，中央色深色，干时表面发白色，有明显的放射状沟纹。菌肉白色，薄，似革质。菌褶弯生至近离生，宽，稀，不等长，同盖色。菌柄细，柱形，质韧，表面有纵条纹，上部似有粉末，长5～10cm，粗0.2～0.4cm，内部实心。褶缘囊体近纺锤状或棒状或不规则形。

生长环境 春季或夏秋季于林中腐枝落叶层上，散生、群生或有时近丛生。

盾状小皮伞
Marasmius personatus

小皮伞科
Marasmiaceae

Marasmius 小皮伞属

形态特征 子实体小型。菌盖直径1.5 ～ 5.5cm，初期半球形，渐平展，后期往往中部下凹，表面具皱纹，边缘有条纹，淡土黄色至皮革色或土褐色，中部色较深。菌肉薄，革质。菌褶直生至近弯生，淡污黄色或淡褐色，较稀，不等长。菌柄长3.5 ～ 8cm，粗0.3 ～ 0.5cm，近似菌盖色，内实，下部具显著细绒毛。

生长环境 夏秋季在林中地上群生或丛生。

车轴皮伞

Marasmius rotula (Scop.) Fr.

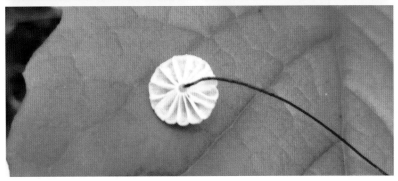

小皮伞属 *Marasmius*

形态特征 子实体群生、丛生。菌盖直径0.5～1.5cm，扁半球形至中部平坦，边缘瓣形及条纹状、白色，中凹处有时暗褐色。菌肉（菌盖中部）白色至（菌柄中部）褐色。菌褶浅白奶油色，着生于一个如车轴的圈上与菌柄离生。菌柄长2～7cm，粗0.1cm，顶端白色，下端暗褐色。

生长环境 夏秋季生于阔叶树的枯枝上。

Marasmius 小皮伞属

形态特征 子实体小。菌盖直径0.6～2cm，扁半球形至近球形，深肉桂色、琥珀色或褐黄色，中部色深，膜质，薄，韧，干，光滑，具通至中部和边缘的长沟条。菌褶污白，稀。菌柄细长，长3～8cm，粗1～1.5cm，角质，光滑，顶部白黄毛，向下渐成烟褐色。

生长环境 在林落叶层上群生。

沟纹小菇

Mycena abramsii (Murrill) Murrill

Mycena 小菇属

形态特征 子实体小。菌盖直径1 ～ 1.6cm，钟形或斗笠形，暗灰或铅灰色，湿时边缘条纹明显。菌肉污白色。菌褶浅灰色，近直生，稍密。菌柄长3 ～ 6cm，粗0.1 ～ 0.2cm，近柱形而向下渐粗，浅灰色，基部有绒毛。

生长环境 夏秋季于林间矮草中群生。

褐小菇 | 小菇科

Mycena amygdalina (Pers.) Singer | Mycenaceae

Mycena 小菇属

形态特征 子实体小。近钟形至斗笠形，表面平滑，带褐色，中部深色而边缘色浅且有细条纹，湿时黏。菌肉白色，较薄。菌褶白色带浅灰色，不等长，近直生。菌柄细长，常弯曲，长3～8cm，粗0.2～0.3cm，上部色浅，中下部近似盖色，基部白色有毛，内部空心。

生长环境 夏秋季在林地腐木或腐枝层上近丛生。

血红小菇

Mycena haematopus (Pers.) P. Kumm.

小菇属 *Mycena*

形态特征 菌盖直径 1 ～ 4cm，初卵形后变钟形或圆锥形，边缘有条纹，湿时百合色，中部酒红色，干后变褐色；菌肉薄，乳汁血红色；菌柄长柱形，直，光滑，软骨质，中空，与菌盖同色，伤后流出血红色汁液，菌褶近直生，白色后变桃红色；担孢子卵形至圆筒形。

生长环境 夏秋季在林地腐木或腐枝层上近丛生。

白小菇
Mycena lactea (Pers.) P. Kumm.

小菇科
Mycenaceae

Mycena 小菇属

形态特征 子实体群生。菌盖直径1～1.5cm，圆锥形到钟形，边缘成波状，展开后形状不规则，湿时有条纹，粉白色或中央带苍奶油色。菌肉薄，白色，无味。菌褶贴生，白色。菌柄长1～5cm，粗0.2～0.3cm。

生长环境 夏秋雨后生于针叶树（柳杉等）的针叶和枯枝败叶层上。

小菇科 Mycenaceae	洁小菇 *Mycena pura* (Pers.) P. Kumm.

小菇属 *Mycena*

形态特征 子实体小型带紫色。菌盖直径2～4cm，扁半球形，后稍伸展，淡紫色或淡紫红色至丁香紫色，湿润，边缘具条纹。菌肉淡紫色，薄。菌褶淡紫色，较密，直生或近弯生，往往褶间具横脉，不等长。菌柄近柱形，长3～5cm，粗0.3～0.7cm，同菌盖色或稍淡，光滑，空心，基部往往具绒毛。

生长环境 夏秋季在林中地上和腐枝层或腐木上丛生、群生或单生。

栎裸脚伞
Gymnopus dryophilus

类脐菇科
Omphalotaceae

Gymnopus 裸脚伞属

形态特征 菌盖直径2～7cm，初期凸镜形，后期平展，赭黄色至浅棕色，中部颜色较深，表面光滑，边缘平整至近波状，水渍状。菌肉白色，伤不变色。菌褶离生，稍密，污白色至浅黄色，不等长，褶缘平滑。菌柄长3～7cm，直径0.3～5mm，圆柱形，脆，黄褐色。担孢子（4.3～6.3）μm×（2.7～3.2）μm，椭圆形，光滑，无色，非淀粉质。

生长环境 夏秋季簇生于林中地上。食用。分布于中国大部分地区。

近裸裸脚伞
Gymnopus subnudus (Ellis ex Peck) Halling

裸脚伞属 *Gymnopus*

形态特征 子实体散生或群生。菌盖直径 1 ～ 5cm，薄，近扁半球形，后渐平展，中央下凹成脐状，肉红色至淡红褐色，湿润时水浸湿状，干燥时蛋壳色，边缘波状或瓣状并有粗条纹。菌肉粉褐色，薄。菌褶同菌盖色，直生或近延生，稀疏，宽，不等长，附有白色粉末。菌柄长 3 ～ 8cm，与菌盖同色，圆柱形或有时稍扁圆，下部常弯曲，纤维质，韧，内部松软。孢子无色或带淡黄色，圆球形，具小刺，7.5 ～ 10（12.6）μm。

生长环境 夏秋季生于林中地上或枯枝落叶上。

金毛鳞伞

Pholiota aurivella (Batsch) P. Kumm.

鳞伞属 *Pholiota*

形态特征 子实体伞状。菌盖初期扁半球形，边缘内卷并常有内菌幕残片，后期扁平至平展，直径6～14cm，湿时黏，干燥时有光泽，金黄色、橘黄色或锈黄色，有角状鳞片，中央的鳞片较密。向边缘鳞片渐少。菌肉淡黄色。菌褶直生至凹生，密，淡黄色至褐黄色。菌柄细长圆柱形，长6～15cm，粗0.7～1.5cm，下部常弯曲，上部黄色，下部锈褐色，菌环以下有反卷的鳞片，实心。菌环膜质，生于菌柄上部，易消失。

生长环境 多于秋季在林中腐木上群生。

黄光柄菇

Pluteus admirabilis (Peck) Peck

光柄菇属 *Pluteus*

形态特征 菌盖初钟形，后扁半球形，逐渐平展，中央隆起，表面灰褐色至鼠灰色，被放射状、纤维状花纹或微细的小鳞片。菌肉白色。菌褶离生，密集，初白色，后肉红色。菌柄中实，表面白色，有和菌盖同色的纤维状花纹。孢子印肉红色，孢子短椭圆形。

生长环境 夏秋季生于各种阔叶树枯木、树桩上。

白黄小脆柄菇
Psathyrella candolleana (Fr.) Maire

Psathyrella 小脆柄菇属

形态特征 子实体较小。菌盖初期钟形，后伸展常呈斗笠状，水浸状，直径3～7cm，初期浅蜜黄色至褐色，干时褪为污白色，往往顶部黄褐色，初期微粗糙后光滑或干时有皱，幼时盖缘附有白色菌幕残片，后渐脱落。菌肉白色，较薄，味温和。菌褶污白、灰白至褐紫灰色，直生，较窄，密，褶缘污白粗糙，不等长。菌柄细长，白色，质脆易断，圆柱形，有纵条纹或纤毛，柄长3～8cm，粗0.2～0.7cm，有时弯曲，中空。

生长环境 夏秋季于林中、林缘、道旁腐朽木及草地上大量群生，或近丛生。分布广泛。

褐白小脆柄菇
Psathyrella gracilis (Fr.) Quél.

小脆柄菇属 *Psathyrella*

形态特征 子实体小。菌盖直径1～2.5cm，扁半球形，灰白色至淡褐色，中部凸起呈黄褐色，水浸状，老后色变暗。菌肉薄。菌褶灰褐色至黑褐色。菌柄细长，长7～9cm，灰白色，基部有白毛。

生长环境 秋季于林中腐枝落叶层上群生。

喜湿小脆柄菇
Psathyrella hydrophila (Bull.) Maire

小脆柄菇科
Psathyrellaceae

小脆柄菇属 *Psathyrella*

形态特征 子实体较小，质脆。菌盖呈半球形至扁半球形，中部稍凸起，湿润时水浸状，浅褐色、褐色至暗褐色，干燥时色浅，边缘近平滑或有不明显细条纹，直径2～5cm，菌盖边缘悬挂有菌幕残片。菌柄稍细长，圆柱形，常稍弯曲，污白色，长3～7cm，粗0.4～0.5cm，质脆易断，中生，空心。

生长环境 夏秋季在林内腐朽木上或腐木层上近丛生和大量群生。

小脆柄菇属 *Psathyrella*

形态特征 子实体伞状，小型。菌盖钟形，直径1.5～3.5cm，初期乳白色，后呈灰褐色，中央呈脐状突起且为土褐色，具绒毛，较薄，质脆，边缘有明显长条纹。菌肉薄，白色。菌褶直生至弯生，不等长，褐色到紫褐色。菌柄圆柱形，长1～4cm，粗0.9～1.8cm，白色，有绒毛，质脆，空心。

生长环境 初夏至秋季子实体群生或簇生于腐木上或腐木桩旁地上。

鳞小脆柄菇 小脆柄菇科

Psathyrella squamosa (P. Karst.) M.M. Moser

Psathyrellaceae

小脆柄菇属 *Psathyrella*

形态特征 子实体较小。菌盖直径2～3.5cm，半球形、钟形至斗笠形或近扁平，浅赭黄、浅草黄色。表面及边缘有白色鳞片，湿润时盖上往往有一宽的白色环带。菌褶污白色、黄褐至紫褐色，直生。菌柄长3～5cm，粗0.3～0.5cm，柱形，白色，质脆，有白色小鳞片，内部松软。

生长环境 秋季于林地腐木桩上近丛生。

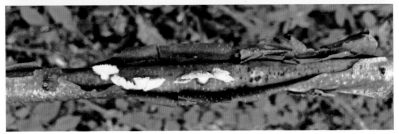

Schizophyllum 裂褶菌属

形态特征 子实体小型。菌盖直径 0.6～4.2cm，白色至灰白色，上有绒毛或粗毛，扇形或肾形，具多数裂瓣。菌肉薄，白色。菌褶窄，从基部辐射而出，白色或灰白色，有时淡紫色，沿边缘纵裂而反卷。柄短或无。

生长环境 野生于阔叶树及针叶树的枯枝倒木上，有的也生在枯死的禾本科植物、竹类或野草上。

堆金钱菌

Collybia acervata (Fr.) P. Kumm.

金钱菌属 *Collybia*

形态特征 子实体丛生或群生。菌盖直径2～7cm，半球形至近平展，中部稍凸，有时成熟后边缘反起，浅土黄色至深土黄色，薄，光滑，湿润时具不明显条纹。菌肉白色，薄。菌褶白色，较密，直生至近离生，不等长。菌柄细长，圆柱形，有时扁圆或扭转，长3～6.5cm，浅褐色至黑褐色，纤维质，中空，基部具白色绒毛。

生长环境 夏秋生于阔叶林中落叶层或腐木上。

斑金钱菌

Collybia maculata (Alb. & Schwein.) P. Kumm.

金钱菌属 *Collybia*

形态特征 菌褶直生或离生，白色或带黄色，很密，窄，不等长，褶缘锯齿状，常常出现带红褐色斑痕。菌柄圆柱形，细长，近基部常弯曲，有时中下部膨大和基部处延伸呈根状，具纵长条纹或扭曲的纵条沟，软骨质，内部松软至空心。

生长环境 夏秋季在林中腐枝层、腐朽木或地上群生或近丛生。

赭褐铦囊蘑

Melanoleuca stridula (Fr.) Singer

地位未定

Melanoleuca 铦囊蘑属

形态特征 子实体较小，扁球形至平展，有时中部稍下凹或稍凸，赭褐至暗褐色，中部色深，平滑，较干，幼时边缘内卷。菌肉白色，菌褶白色，后变暗，弯生，密，不等长。菌柄长 4～6.5cm，粗0.3～0.7cm，柱形，近似盖色，基部膨大。

生长环境 夏秋季于草地上单生或群生或近丛生。

铦囊蘑属 *Melanoleuca*

形态特征 子实体较小，白色。菌盖直径 2 ~ 7cm，扁球形，后期扁半球形或扁平，往往边缘拱起，中央有一凸起，表面光滑，初期白色，后期变乳黄褐色，中部色深。菌肉白色，中部稍厚，具香气味。菌褶直生或稍偏生，白色、乳白色或带粉色，有时具褐斑，密，不等长。菌柄白色，后期带黄褐色，圆柱形。长 3 ~ 7cm，粗 0.4 ~ 0.8cm，基部稍膨大，具长条纹，伤处变粉褐色。内部实心或松软。

生长环境 夏秋季生于高山和亚高山草场，常常群生，稀单生。

粉白霜杯伞
Clitocybe dealbata (Sowerby) P. Kumm.

杯伞属 *Clitocybe*

形态特征 子实体较小。菌盖直径3～4cm，表面白色或浅黄色或浅黄褐色。初期半球形，后中部稍下凹，有时呈漏斗状。边缘内卷或呈波浪状。菌肉白色具强烈的淀粉味。菌褶延生，稍密，白色或稍带黄色，长短不一。菌柄圆柱形，基部稍膨大，长2～3.5cm，粗0.2～0.6cm，纤维质，内部松软。

生长环境 夏秋季在林中地上成群或成丛生长。

白黄卷毛菇

Floccularia albolanaripes (G.F. Atk.) Redhead

卷毛菇属 *Floccularia*

形态特征 子实体大型。菌盖初期呈球形，成熟后展开呈扁平状，边缘偶尔被有菌幕残片，有独特的菌香气味。菌盖直径为5～13cm，菌肉厚；幼时的子实体菌盖呈鲜黄色，成熟后或经阳光长时间照射后呈淡黄色。菌盖边缘有不明显条棱和毛状鳞片，外半圈鳞片较多。菌褶直生至弯生，黄色至淡黄色。菌柄呈中生、圆柱形，内部实心，白色至黄色，中下部存在螺旋状排列的卷毛，并且有菌幕残余。

生长环境 夏秋季于混交林地上散生。

牛肝菌目
Boletales

金黄柄牛肝菌
Boletus auripes Peck

牛肝菌属 *Boletus*

形态特征 子实体中等至较大。菌盖直径6.5～13cm，有时或更大。初期扁半球形、后渐扁平或中部稍下凹，暗褐色或棕褐色至橄榄褐色，幼时边缘内卷有绒毛，表面干，后期裂。菌肉黄色或粉黄色，厚，松软。菌管后期变黄色，边缘黄褐色，长达1～3mm，直生至近离生。菌柄长7～9cm，粗1.5～3.5cm，金黄色，往往下部膨大，中上部有细网纹，下部有暗色细条纹，后期中部以下变暗褐黄色，内部实心，黄色。

生长环境 夏秋季生于林中地上。

橙黄牛肝菌
Boletus laetissimus Hongo

牛肝菌科
Boletaceae

***Boletus* 牛肝菌属**

形态特征 菌盖直径4～8cm，全体呈橙黄色，伤后立刻变蓝色，表面稍具绵毛或近光滑无毛，湿时稍带黏性。菌管长度2.5～7mm；孔径微小，每毫米2～3个，圆形，比管孔色深。菌柄（5～7）cm×（1.3～1.7）cm，上下等粗或下部稍膨大，表面光滑无毛。

生长环境 夏秋季生于阔叶林中。

牛肝菌属 *Boletus*

形态特征 子实体中等至较大，伤变蓝色。菌盖直径6～15cm，半球形至扁半球形，紫红色或小豆色，有时褪为浅茶褐色，表面具平伏绒毛，往往裂成小斑，不黏。菌肉浅黄色，受伤处变蓝色，肉厚。菌柄近圆柱形，长5～10cm，粗1～4cm，黄色或部分呈紫红色，上部有紫红色网纹，基部膨大，内实。菌管黄色，凹生至近离生，受伤变蓝色。管口红色，后渐变为污黄或绿黄色，直径0.5～1mm。

生长环境 夏秋季生于阔叶林中地上。

橙黄疣柄牛肝菌

Leccinum aurantiacum (Bull.) Gray

牛肝菌科

Boletaceae

Leccinum 疣柄牛肝菌属

形态特征 子实体中等至较大。菌盖直径 3 ～ 12（21）cm，半球形，光滑或微被纤毛，橙红色、橙黄色或近紫红色。菌肉厚，质密，淡白色，后呈淡灰色、淡黄色或淡褐色，受伤不变色。菌管直生，稍弯生或近离生，在柄周围凹陷，淡白色，后变污褐色，受伤时变肉色。管口与菌盖同色，圆形，每毫米约 2 个。柄长 5 ～ 12（20）cm，粗 1 ～ 2.5（5.5）cm，上下略等粗或基部稍粗，污白色、淡褐色或近淡紫红色，顶端多少有网纹。

生长环境 夏秋季于林中地上单生或散生。

灰疣柄牛肝菌
Leccinum griseum (Quél.) Singer

疣柄牛肝菌属 *Leccinum*

形态特征 子实体中等或较大。菌盖直径4～12cm，半球形至近扁平，老后盖表或龟裂，黄褐色、灰褐色至橄榄褐色。菌肉白色或淡乳白色。菌管层白色、灰色，伤处变黑色，直生，管口小，角形。菌柄细长，长8～13cm，粗1～3cm，灰白具黑色点状疣，基部有白色菌丝，实心。

生长环境 夏秋季于针阔叶林中单生或群生。

Pulveroboletus 粉牛肝菌属

形态特征 子实体较小。菌盖直径3～6cm，半球形至扁平，浅黄白褐至赭褐色，向盖缘呈粉红色，边缘内卷，表面细绒毛状。菌肉白色，厚。菌竹面及管孔均呈粉红色、浅玫瑰红色，老后变暗红色，菌管层近弯生。菌柄粗壮，长3～4.5cm，粗1～2.3cm，圆柱形或基部膨大近纺锤状，中部粉红色或淡玫瑰红色，其下部白色又带柠檬黄色，实心。

生长环境 夏秋季于阔叶林及松林等地上单生或群生。

黏盖牛肝菌属（乳牛肝菌属）*Suillus*

形态特征 菌肉幼时白色，后变淡黄色，伤不变色。菌管直生至延生，淡白色至黄白色。管口圆形，每毫米1～2个。柄长2.5～3.5（4）cm，粗1～2cm，短粗，内实，淡黄白色，后变淡黄色，顶端有腺点。孢子印近肉桂色。

生长环境 夏秋季于林中地上单生或群生。

Suillus 黏盖牛肝菌属（乳牛肝菌属）

形态特征 子实体散生、群生或丛生。菌盖直径4.5～11（15）cm，扁半球形或近扁平，表面平滑，湿时胶黏，干后有光泽，淡黄色或黄褐色。菌肉淡黄色，伤后不变色。菌管直生或近延生，长约10mm，初苍白色，后淡黄色至污黄色，伤后不变色；管孔角形，管径0.5～1mm，初浅蜜黄色，老后具淡褐色腺点，伤时变污肉桂色，幼嫩时管口具小乳滴。菌柄长2.5～7（13.5）cm，粗0.8～1.2cm，近柱形，淡黄褐色，上部具腺点，通常不超过柄的一半。

生长环境 夏秋季生于松林或混交林中地上。

红绒盖牛肝菌
Xerocomus chrysenteron (Bull.) Quél.

绒盖牛肝菌属 *Xerocomus*

形态特征 子实体中等大。菌盖直径3.5～9cm，半球形，有时中部下凹，暗红色或红褐色，后呈污褐色或土黄色，干燥，被绒毛，常有细小龟裂。菌肉黄白色。伤变蓝色，直生或在柄的周围凹陷。管口角形，宽1～2mm，管面不整齐。柄长2～5cm，粗0.8～1.5cm，圆柱形，上下略等粗或基部稍粗，上部带黄色，其他部分有红色小点或近条纹，无网纹，内实。

生长环境 夏秋季于林中地上散生或群生。

红菇目
Russulales

纤细乳菇

Lactarius gracilis Hongo

| 乳菇属 *Lactarius*

形态特征 菌盖直径1～3cm，扁半球形至平展，褐色、红褐色至肉桂色，中央有尖突，边缘具有明显的流苏状绒毛。菌肉淡褐色，不辣。菌褶乳汁少，白色。菌柄长4～5cm，直径2～4mm，圆柱形或向下渐粗，与菌盖同色或稍深，基部有硬毛。

生长环境 夏秋季生于阔叶林或针阔混交林中地上。

Russula 红菇属

形态特征 子实体中等大。菌盖半球形至渐平展，中部下凹，直径6～12cm，表面湿时黏，浅苋菜红至暗血红色，中部素红色，边缘平滑或具短条。菌肉白色，质脆。菌褶近弯生至离生，稍密，长短一致，褶间有横脉，白色至灰白色。菌柄长4～7cm，粗1～2cm，近圆柱形，白色变灰白色，内部松软。孢子印白色至乳白色。

生长环境 夏秋季针叶林或混交林地上散生或群生。

红菇科	叶绿红菇
Russulaceae	*Russula heterophylla* (Fr.) Fr.

红菇属 *Russula*

形态特征 子实体中等至稍大。菌盖直径5～12cm，扁半球形后平展至中部下凹，绿色，但色调深浅多变，微蓝绿色、淡黄绿色或灰绿色，老时中部带淡黄色或淡橄榄褐色，湿时黏，表皮仅边缘处可剥离，边缘平滑。菌肉白色。味道柔和，无特殊气味。菌褶白色，密，等长有时具小褶片，近柄处有分叉，近延生。菌柄长3～8cm，粗1～3cm，白色，等粗或向下略粗。

生长环境 夏秋季杂木林中地上单生或群生。

Russula 红菇属

形态特征 子实体一般中等大。菌盖直径 5 ~ 8cm，扁半球形到近平展，中部下凹，粉红色、红色至灰紫红色，中部往往色深，被绒毛，湿时黏，边缘平滑或无条纹，干时有白色粉末。菌肉白色，味不明显。菌褶白色，近直生，等长。菌柄长 5 ~ 9cm，粗 0.8 ~ 2.5cm，圆柱形或近棒状，基部稍膨大，白色或带粉紫色，绒状或有条纹。

生长环境 夏秋季于阔叶林地上单生或散生。

| 红菇属 *Russula*

形态特征 菌盖直径5～12cm，初扁半球形后平展中部下凹，不黏，大红带紫，中部暗紫黑色，边缘平滑。菌肉白色，近表皮处淡红色，或浅紫红色。味道柔和，无特殊气味。菌褶白至乳黄色，干后变灰色，褶的前缘浅紫红色，不等长，具横脉，直生。菌柄长4.5～10cm，粗1.5～2.5cm，白色或杂有红色斑或全部为淡粉红至粉红色，内部松软。

生长环境 夏秋季于阔叶林中地上群生。

多孔菌目
Polyporales

光盖革孔菌

Coriolopsis glabrorigens (Lloyd) Núñez& Ryvarden

革孔菌属 *Coriolopsis*

形态特征 子实体一年生，覆瓦状叠生，新鲜时革质，干后木栓质。菌盖半圆形、扇形或近贝壳形，外伸可达2cm，宽可达5cm，基部厚可达5mm；表面肉桂黄褐色至土黄褐色，基部被密绒毛；边缘锐或钝，颜色较中部浅。孔口表面新鲜时浅棕黄褐色至红褐色，具折光反应。

生长环境 夏秋季生于阔叶树的枯树上，造成木材白色腐朽。分布于华南地区。

三色拟迷孔菌

Daedaleopsis tricolor (Bull.) Bondartsev & Singer

Daedalea 迷孔菌属

形态特征 一年生，覆瓦状叠生，盖形，无柄，木栓质。菌盖半圆形，外伸可达5cm，宽可达10cm，基部厚可达1cm；表面灰褐色至红褐色，光滑，具同心环带；边缘锐，与菌盖表面同色。子实层体灰褐色至栗褐色，初期呈不规则孔状，每毫米1～2个；成熟后呈褶状，有时二叉分枝，每毫米1～2个。菌肉浅褐色，木栓质，厚可达1 mm。菌褶颜色比子实层体稍浅，木栓质，厚可达9mm。

生长环境 春季至秋季生于多种阔叶树的枯树、倒木、树桩和落枝上，造成木材白色腐朽。药用，各区均有分布。

紫带拟迷孔菌

Daedaleopsis purpurea (Cooke) Imazeki & Aoshima

| 拟迷孔菌属 *Daedaleopsis*

形态特征 子实体大，厚 0.5 ～ 1.5cm，半圆形，扁平，表面有显著的黑褐色、茶色、暗褐色、灰褐色环纹及沟条纹，初期有微细毛，后变近平滑，边缘钝。菌肉淡褐黄色或木彩色。菌管层近黄色，管壁厚，孔口圆形到多角形，每毫米 1 ～ 2 个，孔缘具齿。孢子无色，平滑，长椭圆形。

生长环境 阔叶树枯木、立木上群生。

褐多孔菌

Polyporus badius (Pers.) Schwein.

多孔菌科
Polyporaceae

Favolus 多孔菌属

形态特征 子实体一年生，具侧生柄，肉质至革质。菌盖圆形或扇形，外伸可达7cm，宽可达8cm，厚可达4mm；表面灰黄色、深黄褐色、橙褐色至黑褐色，光滑；边缘锐，干后向卷。孔口表面新鲜时白色，干后浅黄色至橘黄色，具折光反应；近圆形，每毫米6～8个；边缘薄，全缘。菌肉新鲜时白色，干后淡黄色，厚可达3mm。菌管与孔口表面同色，长可达1mm。

生长环境 夏季单生或聚生于阔叶树倒木上，造成木材白色腐朽。分布于东北和西北地区。

光盖大孔菌
Favolus mollis Lloyd

| 大孔菌属 *Favolus*

形态特征 子实体较小，白色至近白色。菌盖直径2～9cm，厚1～3mm，鲜时韧肉质，干后硬，无环纹，平滑，初期白色而干后变米黄色至乳黄色。盖边缘薄，锐，完整或波浪状至瓣裂。菌肉白色，薄，厚0.5～1mm。菌柄短，同盖色，长3～6mm，粗1～2mm。菌管层白色至淡黄白色，管口大，近长方形，长0.5～3mm，宽0.2～1.2mm，放射排列，菌管延长至柄上，管壁薄，后期破裂为齿状，管长1.5～2.5mm。

生长环境 生于阔叶树枯枝干上，也生于云杉、冷杉等针叶树倒腐木枝干上。

木蹄层孔菌
Fomes fomentarius (L.) Fr.

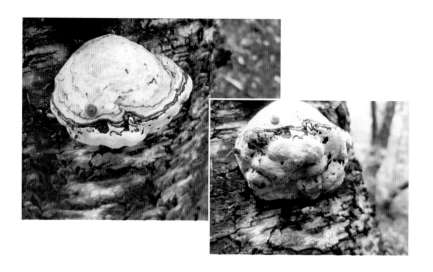

Fomes 层孔菌属

形态特征 子实体多年生，马蹄形，木质。菌盖半圆形，外伸达20cm，宽可达30cm，中部厚可达12cm；表面灰色至灰黑色，具同心环带和浅的环沟；边缘钝，浅褐色。孔口表面褐色；圆形，每毫米3～4个；边缘厚，全缘。不育边缘明显，宽可达5mm。菌肉浅黄褐色或锈褐色，厚可达5cm，上表面具一明显且厚的皮壳，中部与基物着生处具一明显的菌核。菌管浅褐色，长可达7cm，分层明显，层间有时具白色的菌丝束。担孢子（18～21）μm×（5～5.7）μm，圆柱形，无色，薄壁，光滑，非淀粉质，不嗜蓝。

生长环境 春季至秋季生于多种阔叶树的活立木和倒木上，造成木材白色腐朽。药用，分布于东北、华北、西南及陕西、新疆、河南、广西等地。

粉肉拟层孔菌

Fomitopsis cajanderi (P. Karst.) Kotl. & Pouzar

拟层孔菌属 *Fomitopsis*

形态特征 子实体小至中等大，栓革质，菌盖无柄侧生成背着生，（1～5.5）cm×（1.5～8.5）cm，厚3～13mm，边缘多呈反卷或两侧相连，檐状或覆瓦状，初期有细绒毛，粉褐色变污黑褐色、灰黑褐色至黑色，后期绒毛消失。盖边缘薄锐，色稍淡。菌管面粉红色，后变菱褐色至暗红褐色，管孔小而细密，每毫米4～6个。菌肉粉红色，厚1.5～5.5mm，后期色变深暗，菌管多层，每层厚1～1.5mm。

生长环境 生于云杉、冷杉、落叶松等针叶树枯立木和倒腐木上，多年生。

树舌灵芝
Ganoderma applanatum (Pers.) Pat.

Ganoderma 灵芝属

形态特征 子实体多年生，无柄，单生或覆瓦状叠生，木栓质。菌盖半圆形，外伸可达28cm，宽可达55cm，基部厚可达9cm；表面锈褐色至灰褐色，具明显的环沟和环带；边缘圆，钝，奶油色至浅灰褐色。孔口表面灰白色至淡褐色；圆形，每毫米4～7个；边缘厚，全缘。菌肉新鲜时浅褐色，厚可达3cm。菌管褐色，长可达6cm，有时具白色菌丝束。

生长环境 春季至秋季生于多种阔叶树的活立木、倒木及腐木上，造成木材白色腐朽。药用，可栽培。分布于东北、华北、华中、内蒙古和西北地区。

波缘多孔菌
Polyporus confluens (Alb. & Schwein.) Fr.

多孔菌属 *Polyporus*

形态特征 子实体一般较大，肉质，黄色或淡橙色，有小鳞片，渐变光滑，近圆形、扇形至不规则，中部一般稍下凹，直径3～12cm，边缘波浪状或裂为瓣状。菌肉白色或黄色。菌管延生，干时约1mm，壁薄、完整。管口多角形，每毫米3个，白色或黄色，干后朱红色。柄同管口色，侧生、偏生或不规则着生，单生或基部相连，长3～6cm，粗0.5～1cm。菌丝细，无色，有锁状联合。

生长环境 生于云杉、冷杉或高山松、落叶松等针阔叶混交林地上。往往成群生长。

菲律宾多孔菌
Polyporus philippinensis Berk.

Polyporus 多孔菌属

形态特征 子实体一年生，具侧生柄或基部收缩成柄状，革质，具蘑菇气味。菌盖扇形至近圆形，外伸可达4cm，宽可达6cm，基部厚可达8mm；表面新鲜时黄褐色至土黄褐色，干后浅黄褐色至黄褐色，具辐射状条纹，基部呈沟状或脊状条纹；边缘锐，波状，干后内卷。孔口表面淡黄色至淡黄褐色；多角形，放射状伸长，长可达3mm，宽可达1mm；边缘薄，全缘。菌肉奶油色至淡黄褐色，厚可达5mm。

生长环境 夏季单生或聚生于阔叶树死树或倒木上，造成木材白色腐朽。分布于华南地区。

多孔菌属 *Polyporus*

形态特征 子实体大。盖直径4～16cm，厚2～3.5mm，扇形、肾形、近圆形至圆形，稍凸至平展，基部常下凹，栗褐色，中部色较深，有时表面全呈黑褐色，光滑，边缘薄而锐，波浪状至瓣裂。菌柄侧生或偏生，长2～5mm，粗0.3～1.3cm，黑色或基部黑色，初期具细绒毛后变光滑。菌肉白色或近白色，厚0.5～2mm。菌管延生，长0.5～1.5mm，与菌肉色相似，干后呈淡粉灰色，管口角形至近圆形。

生长环境 生于阔叶树腐木上，有时也生于针叶树上。

Pycnoporus 密孔菌属

形态特征 子实体一年生，革质。菌盖扇形、半圆形或肾形，外伸可达3cm，宽可达5cm，基部厚可达1.5cm；表面新鲜时浅红褐色、锈褐色至黄褐色，后期褪色，干后颜色几乎不变；边缘锐，颜色较浅，有时波状。孔口表面新鲜时砖红色，干后颜色几乎不变；近圆形，每毫米5～6个；边缘薄，全缘。

生长环境 夏秋季单生或簇生于多种阔叶树倒木、树桩和腐木上，造成木材白色腐朽。药用，各区均有分布。

<table>
<thead>
<tr><th>多孔菌科
Polyporaceae</th><th>绒毛栓孔菌
Trametes pubescens (Schumach.) Pilát</th></tr>
</thead>
</table>

栓孔菌属 *Trametes*

形态特征 子实体一年生，覆瓦状叠生，木栓质。菌盖半圆形或扇形，外伸可达3cm，宽可达5cm，中部厚可达7mm；表面奶油色至灰褐色，被绒毛；边缘钝，干后略内卷。孔口表面奶油色至稻草色；多角形，每毫米2～3个；边缘薄，略呈撕裂状。不育边缘不明显，宽可达1mm。菌肉乳白色，厚可达5mm。菌管与菌肉同色，长可达3mm。担孢子（5.5～7）μm×（2～2.5）μm，圆柱形，无色，薄壁，光滑，非淀粉质，不嗜蓝。

生长环境 春季至秋季生于阔叶树死树、倒木和树桩上，造成木材白色腐朽。药用。各区均有分布。

Trametes 栓孔菌属

形态特征 子实体较小。菌盖半圆形或平伏而反卷，覆瓦状，表面近白色或蛋壳色，有微绒毛，或近光滑，有环带和深肉桂色环纹。菌肉白色。无菌柄。管口与菌管同色或稍深，多角形，每毫米7～8个。

生长环境 夏秋季生阔叶树腐木上。

多孔菌科 Polyporaceae	薄皮干酪菌 *Tyromyces chioneus* (Fr.) P. Karst.

干酪菌属 *Tyromyces*

形态特征 子实体一年生，肉质至革质。菌盖扇形，外伸可达4cm，宽可达6cm，基部厚可达18mm；表面新鲜时淡灰褐色；边缘锐，白色。孔口表面奶油色至淡褐色；圆形，每毫米4～5个；边缘薄，全缘。不育边缘几乎无。菌肉新鲜时乳白色，厚可达15mm。菌管乳黄色至淡黄褐色，长可达3mm。担孢子（3.6～4.4）μm×（1.3～1.8）μm，圆柱形至腊肠形，无色，薄壁，光滑，非淀粉质，不嗜蓝。

生长环境 夏秋季单生于阔叶树落枝上，造成木材白色腐朽。各区均有分布。

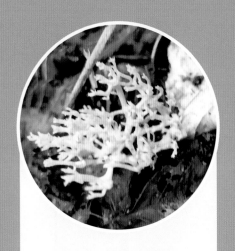

钉菇目
Gomphales

小孢密枝瑚菌
Ramaria bourdotiana Maire

枝瑚菌属 *Ramaria*

形态特征 子实体树枝状，小型，整丛高3～6cm，双叉分枝，小枝极多，直立，细而密，顶端细齿状，淡黄色，后期呈浅锈色。菌肉污白色。菌柄长1～1.5cm，粗0.2～0.3cm，近柱形，基部有白色毛及菌丝束。担孢子椭圆形，（4.5～6）μm×（3～3.5）μm，浅锈色，微粗糙。

生长环境 夏秋季子实体群生于阔叶树的腐木上。夏秋季在山区云杉等针叶林中地上的落叶层或枯枝、落果上群生，往往密集在一起。

浅黄枝瑚菌
Ramaria flavescens (Schaeff.) R.H. Petersen

钉菇科
Gomphaceae

Ramaria 枝瑚菌属 |

形态特征 子实体较大，高 10～15cm，直径可达 10～20cm，大量的分枝常由一个粗大的茎上分出，并再次分枝密集成丛，上部多呈U形分枝，小枝顶端较尖，亮黄色到草黄色，后期变暗。菌肉白色。孢子无色，有瘤状凸起，椭圆形，（9～13）μm×（4.5～5.5）μm。担子具4小梗。

生长环境 夏秋季于壳斗科等阔叶树林中地上，单生、群生或丛生。

钉菇目 / 钉菇科　**089**

淡黄枝瑚菌
Ramaria lutea Schild

枝瑚菌属 *Ramaria*

形态特征 子实体中等大，大量分枝由总的粗大的菌柄状基部生出，然后多次呈 V 形分枝，小枝顶端钝。基部近白色，其他分枝浅黄色至鲜黄色。菌肉白色。

生长环境 夏秋季生长于云南松、栎类等针阔叶林地上，群生或散生。

革菌目
Thelephorales

韧革菌属 *Stereum*

形态特征 子实体白色，杯状，菌盖表面有放射状条纹和不明显的环纹，干后呈黄褐色。菌柄白色，表面被细毛。

生长环境 秋季生于林间地上。

Thelephora 革菌属

形态特征 子实体一般小，多分枝直立，上部由扁平的裂片组成，高2～8cm，灰紫褐色或紫褐色至暗褐色，顶部色浅呈蓝灰白色，并具深浅不同的环带，干时全体呈锈褐色。菌柄较短，幼时基部近白色，后呈暗灰至紫褐色。菌肉近纤维质或革质，菌丝有锁状联合。担子柱状，具4小梗，（70～80）μm×（9～12）μm。

生长环境 生于松林或松等阔叶林中地上。

莲座革菌
Thelephora vialis Schwein.

| **革菌属** *Thelephora*

形态特征 子实体革质，漏斗状，中部层叠呈莲座状，高宽各达10cm。盖面浅米黄色至浅褐色，往往有辐射状皱纹。子实层平滑或有疣状突起，淡粉灰色至暗灰色。菌柄短，偏生至中生。菌肉白色。孢子在显微镜下淡青灰色，有小瘤，近球形，直径5～7μm。

生长环境 夏秋季生于云南松、栎类等针阔叶林地上，群生或散生。

马勃目

Lycoperdales

地星科 Geastraceae	北京地星
	Geastrum beijingense C.L. Hou, Hao Zhou & Ji Qi Li

地星属 *Geastrum*

形态特征 子实体较小，初期扁球形，外包被3层，成熟时呈星状开裂，上半部分裂为5～8瓣，裂片反卷，外表光滑，蛋壳色，内包被1层，肉质球形，中央尖突状孔口，浅灰色至浅褐灰色。

生长环境 夏秋两季雨后生于林内地上。

白（秃）马勃

Calvatia candida (Rostk.) Hollós

马勃科
Lycoperdaceae

Calvatia 秃马勃属

形态特征 子实体小，扁球形、近球形、梨形，浅棕灰色，并有发达的根状菌丝索。外包被薄，粉状，有斑纹，内包被坚实而脆。孢子体蜜黄色到浅茶色。孢子球形，浅青黄色，直径 4～5μm。光滑或有极细的小疣，常残留有小柄。孢丝同色，稀有的横隔，粗细均匀，4.5～6μm。

生长环境 夏秋季生于地上。

头状秃马勃

Calvatia craniiformis (Schwein.) Fr.

秃马勃属 *Calvatia*

形态特征 子实体小至中等大，陀螺形，高4.5～7.5（10）cm，宽3.5～6cm，不孕基部发达。包被两层，均薄质，很薄。紧贴在一起，淡茶色至酱色，初期具微细毛，逐渐光滑，成熟后上部开裂并成片脱落，孢体黄褐色。孢子淡青色，上具极细的小毛，稍有短柄或短尖头，球形。孢丝与孢子同色，长，有稀少分枝和横隔。

生长环境 夏秋季于林中地上单生至散生。

Lycoperdon 马勃属

形态特征 子实体小，近球形，宽1～1.8cm，罕达2cm，初期白色，后变土黄色及浅茶色，无不孕基部，由根状菌丝索固定于基物上。外包被由细小易脱落的颗粒组成。内包被薄，光滑，成熟时顶尖有小口。内部蜜黄色至浅茶色。孢子球形，浅黄色，近光滑，3～4μm，有时具短柄。孢丝分枝，与孢子同色，粗3～4μm。

生长环境 夏秋季生于草地上。

梨形马勃

Lycoperdon pyriforme Schaeff

马勃属 *Lycoperdon*

形态特征 子实体小，高2～35cm，梨形至近球形，不孕基部发达，由白色菌丝束固定于基物上。初期包被色淡，后呈茶褐色至浅烟色，外包被形成微细颗粒状小疣，内部橄榄色，后变为褐色。

生长环境 夏秋季生长在林中地上或枝物或腐熟木桩基部。

Lycoperdon 马勃属

形态特征 子实体较小，直径0.5～2.5cm，高0.5～2cm，外包被有密集的白鬼小刺，其尖端成丛聚合成角锥形，后期小刺脱落，露出淡色的内包被。孢子体青黄色，不孕的基部小或无。孢子浅黄色，稍粗糙，含有一大油滴，球形，直径3～4.5μm。孢丝近无色，线形，分枝少，壁薄，有横隔，3.5～7.5μm。

生长环境 生于林地上。

鬼笔目
Phallales

❘ 散尾鬼笔属 *Lysurus*

形态特征 子实体高5～13cm，柄部海绵状，中空，4～5棱柱形，粗1～1.8cm，粉肉红色，下部渐白色。顶部高1.5～3.5cm，4～5个爪状裂片结合伸长呈嘴状，裂片内侧有暗褐色黏液孢体，气味恶臭。菌托苞状，幼时卵圆形，白色，高3～4.5cm，基部有白色菌索。孢子椭圆形或短圆柱形，（4～5）μm×（1.5～2）μm。

生长环境 夏秋季于公园或竹林地上单生或散生。

蛇头菌

Mutinus caninus (Schaeff.) Fr.

Mutinus 蛇头菌属

形态特征 子实体较小，高6～8cm。菌托白色，卵圆形或近椭圆形，高2～3cm，粗1～1.5cm。菌柄圆柱形，似海绵状，中空，粗0.8～1cm，上部粉红色，向下部渐呈白色。菌盖鲜红色，与柄无明显界限，圆锥状，顶端具小孔，长1～2cm，表面近平滑或有疣状突起，其上有暗绿色黏稠且腥臭气味的孢体。孢子无色，长椭圆形，（3.5～4.5）μm×（1.5～2）μm。

生长环境 夏秋季生在雨后较为疏松的土中。

鬼笔属 *Phallus*

形态特征 子实体中等或较大，高10～20cm。菌盖近钟形，具网纹格，上面有灰黑色恶臭的黏液(孢体)，浅红至橘红色，被黏液覆盖，顶端平，红色，并有孔口，盖高1.5～3cm，宽1～1.5cm。菌柄海绵状，红色，长9～19cm，粗1～1.5cm，圆柱形，中空，下部渐粗，色淡至白色，而上部色深，靠近顶部橘红至深红色。菌托有弹性，白色，长2.5～3cm，粗1.5～2cm。孢子椭圆形，近无色。

生长环境 夏秋季在菜园、屋旁、路边、竹林等地上成群生长。多生长在腐殖质多的地方。

木耳目
Auriculariales

木耳科 Auriculariaceae	木耳 *Auricularia auricularis* (Gray) G.W. Martin

木耳属 *Auricularia*

形态特征 呈叶状或近林状，边缘波状，薄，宽2～6cm，厚2mm左右，以侧生的短柄或狭细的基部固着于基质上。初期为柔软的胶质，黏而富弹性，以后稍带软骨质，干后强烈收缩，变为黑色硬而脆的角质至近革质。背面外沿呈弧形，紫褐色至暗青灰色，疏生短绒毛。

生长环境 生长于栎、榆、杨、榕、洋槐等阔叶树上或朽木及针叶树冷杉上，密集成丛生长，可引起木材腐朽。

花耳目
Dacrymycetales

<table>
<tr><td>**花耳科**
Dacrymycetaceae</td><td>**桂花耳**
Guepinia spathularia (Schwein.) Fr.</td></tr>
</table>

花耳科	桂花耳
Dacrymycetaceae	*Guepinia spathularia (Schwein.)* Fr.

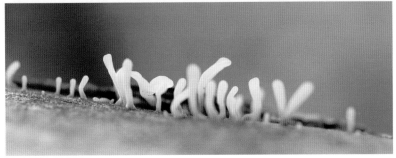

花耳属 *Guepinia*

形态特征 子实体微小，匙形或鹿角形，上部常不规则裂成叉状，橙黄色，干后橙红色，不孕部分色浅，光滑。子实体高0.6～1.5cm，柄下部粗0.2～0.3cm，有细绒毛，基部栗褐色至黑褐色，延伸入腐木裂缝中。担子2分叉。孢子2个，无色，光滑，初期无横隔，后期形成1～2横隔，即成为2～3个细胞，椭圆形至近肾形，担子叉状。

生长环境 春至晚秋生于杉木等针叶树倒腐木或木桩上。

盘菌目
Pezizales

马鞍菌属 *Helvella*

形态特征 子囊果小，黑灰色。菌盖直径1～2cm，呈马鞍形或不正规马鞍形，边缘完整，与柄分离，上表面即子实层面黑色至黑灰色，平整，下表面灰色或暗灰色，平滑，无明显粉粒。菌柄圆柱形或侧扁，稍弯曲，黑色或黑灰色，往往较盖色浅，长2.5～4cm，粗0.3～0.4cm，表面有粉粒，基部色淡，内部实心。子囊圆柱形，（200～280）μm×（15～19）μm，含孢子8枚，单行排列。孢子无色，平滑，椭圆形至长方椭圆形，（16～19.5）μm×（9.5～12.3）μm，含一大油球。侧丝细长，有分隔，不分枝，灰褐色至暗褐色，顶端膨大呈棒状，粗8μm。

生长环境 夏秋季林中地上散生或群生。

皱柄白马鞍菌

Helvella crispa Bull.

Helvella 马鞍菌属

形态特征 子实体较小。菌盖初始马鞍形，后张开呈不规则瓣片状，2～4cm，白色到淡黄色。子实层生菌盖表面。柄白色，圆柱形，有纵生深槽，形成纵棱，长5cm，粗2cm。

生长环境 夏秋季单生于阔叶林中地上。

茶褐盘菌
Peziza praetervisa Bres.

盘菌属 *Peziza*

形态特征 子囊盘直径0.7～5cm，幼时圆形或盘形，后平展或呈不规则形状。子实层表面光滑，浅或深紫罗兰色，或棕紫罗兰色。囊盘被颜色稍浅，近糠状。无柄。菌肉薄，易碎。子囊（170～250）μm×（9～12）μm，具8个子囊孢子。子囊孢子（12～14）μm×（6～8）μm，椭圆形，成熟后表面具小疣，内含2个油滴。

生长环境 散生或群生于阔叶林或针阔混交林中地上。

半球盾盘菌
Humaria hemisphaerica (F.H. Wigg.) Fuckel

火丝菌科
Pyronemataceae

Humaria 盾盘菌属

形态特征 子囊盘直径 0.8 ~ 2cm，深杯形至碗形，无柄，边缘具毛。子实层表面白色至灰白色。囊盘被淡褐色，被 90 ~ 700μm 长的绒毛或粗毛，褐色至淡褐色，具分隔。子囊（230 ~ 310）μm×（18 ~ 21）μm，近圆柱形，有囊盖，具8个子囊孢子。子囊孢子（18 ~ 25）μm×（10 ~ 14）μm，椭圆形，具有2个油滴，表面有疣状纹。

生长环境 夏秋季生于林中地上。

柔膜菌目
Helotiales

囊盘菌属 *Ascocoryne*

形态特征 子囊盘直径 5 ～ 22mm，盘形至杯形或带柄的酒杯形，胶质。子实层表面暗紫褐色至带紫红的灰褐色，光滑。囊盘被外观与子实层表面相似，或色稍浅，有细绒毛。菌柄有或缺。子囊（200 ～ 230）μm×（14 ～ 16）μm。子囊孢子（18 ～ 28）μm×（4 ～ 6）μm，纺锤形，光滑，有多个小油滴，成熟时有数个横隔。分生孢子常可形成，近球形，但不成串。

生长环境 生于针、阔叶树的腐木上。

肉座菌目
Hypocreales

蜂头虫草

Cordyceps sphecocephala (Klotzsch ex Berk.) Berk. & M.A. Curtis

虫草属 *Cordyceps*

形态特征 生于黄蜂的成虫体上，由胸部长出，子座细长，不分枝，高5～10cm，淡黄色至橙黄色，上部弯曲，头部色深，棒形，表面有微突，铁丝状。子座单生，细长不分枝，高3～12cm，淡黄色至橙黄色，柄细长，多弯曲，粗0.5～1mm。头部棒状或纺锤状，色较深，（5～20）mm×（1～2）mm。子囊壳埋生于子座内，瓶状至椭圆形，（320～800）μm×（200～300）μm，孔口稍突。子囊呈长袋形至圆柱形，（140~210）μm×（4～8）μm，成熟时顶端开口。孢子断成（6～14）μm×（1～1.5）μm的小段。

生长环境 夏秋季在半埋于林地上或腐枝落叶层下双翅目昆虫黄蜂成虫体上生出。

炭角菌目
Xylariales

炭球菌

Daldinia concentrica (Bolton) Ces. & De Not.

炭球菌属 *Daldinia*

形态特征 子座宽 2～8cm，高 2～6cm，扁球形至不规则马铃薯形，多群生或相互连接，初褐色至暗紫红褐色，后黑褐色至黑色，近光滑，光滑处常反光，成熟时出现不明显的子囊壳孔口。子座内部木炭质，剖面有黑白相间或部分几乎全黑色至紫蓝黑色的同心环纹。子座色素在氢氧化钾中呈淡茶褐色。子囊壳埋生于子座外层，往往有点状的小孔口。子囊（150～200）μm×（10～12）μm。子囊孢子（12～17）μm×（6～8.5）μm，近椭圆形或近肾形，光滑，暗褐色。芽孔线形。

生长环境 生于阔叶树腐木和腐树皮上。

Xylaria 炭角菌属

形态特征 子座聚成小丛，不分枝至从柄基分叉，炭质。可育头部圆柱形，顶端有不育顶端，粗糙，初期黄褐色后变黑色，内部白色。不育菌柄短或无，被细绒毛。子囊壳埋生，近球形。

生长环境 夏秋季群生至丛生于林地或菇棚菌床。

黏菌类

煤绒菌属 *Fuligo*

形态特征 菌体颜色多样,有白、赭、绿、粉红、暗红褐、黄紫等色。皮层有石灰质,较厚而脆,易分离。孢丝无色,纤细,与淡黄色的石灰团相连接,孢子堆灰黑色。

生长环境 生于菌棒、腐木、植物残体、活植物及土壤上。

粉瘤菌
Lycogala epidendrum (J.C. Buxb. ex L.) Fr.

Lycogala 粉瘤菌属

形态特征 子实体甚小，呈近球形、扁圆形的复孢囊，常密集或散生，无柄，直径0.2～1.5cm，粉红灰色或后变至黄褐色、青褐色、灰褐色或色更深，包被薄而脆，有疣状颗粒，常从顶部破裂，内部粉末状，色浅。假孢丝长，分枝，壁薄，有明显的环状皱褶，半透明或淡黄色，呈管状，主枝近基部粗12～30μm，分枝3～12μm，顶端钝圆或棍棒状。孢子成堆时开始粉红灰色，后变浅赭色，孢子近无色，圆球形，具小疣，直径4～7.5μm。最初原生质团呈珊瑚红色。

生长环境 春至秋季生于阔叶树腐木上，其生境往往湿潮。

图书在版编目（CIP）数据

北京松山国家级自然保护区菌类图谱 / 盖立新，田恒玖，范雅倩主编.—北京：中国农业出版社，2023.9
（北京松山国家级自然保护区生物多样性系列丛书）
ISBN 978-7-109-31028-5

Ⅰ.①北… Ⅱ.①盖…②田…③范… Ⅲ.①山—自然保护区—菌类植物—北京—图集 Ⅳ.①Q949.308-64

中国国家版本馆CIP数据核字（2023）第157450号

中国农业出版社出版
地址：北京市朝阳区麦子店街18号楼
邮编：100125
责任编辑：郑 君
版式设计：小荷博睿 责任校对：张雯婷
印刷：北京中科印刷有限公司
版次：2023年9月第1版
印次：2023年9月北京第1次印刷
发行：新华书店北京发行所
开本：880mm×1230mm 1/32
印张：4.5
字数：108千字
定价：59.00元
